なにがでるかな？ 王国シール

★わくわくシール★
じゅうに つかって

もくひょう
一・時間を決めてする
一・くりかえし取り組む
一・さいごまでやりきる
めざせ、ドリルの王様！

ドリル王子

いいかんじ！

ドリルの おしろ

ドリルじい

★できたシール★

この 本の さいごに ある
がんばりひょう に すきな シールを
はってね。うらないも 出て くるよ。

- ‥‥‥すてきな ゆめが みられるかも！
- ‥‥‥たのしい ことが おこるよ！
- ‥‥‥べんきょうを がんばれるよ！
- ‥‥‥あたらしい はっけんが あるよ！
- ‥‥‥げんき いっぱいに なるよ！

ドリルの王様　シールF

1 すうじと　おなじ　かずだけ　○に　いろを
ぬりましょう。

20てん(1つ5)

2 かずを　かぞえて　すうじで　かきましょう。

30てん(1つ5)

1

❸ あと いくつ ぬると 5に なりますか。□に かずを かきましょう。

① ●●●○○　2

② ●○○○○　□

③ ●●●●○　□

④ ●●○○○　□

❹ おなじ かずを ──せんで つなぎましょう。

20てん(1つ5)

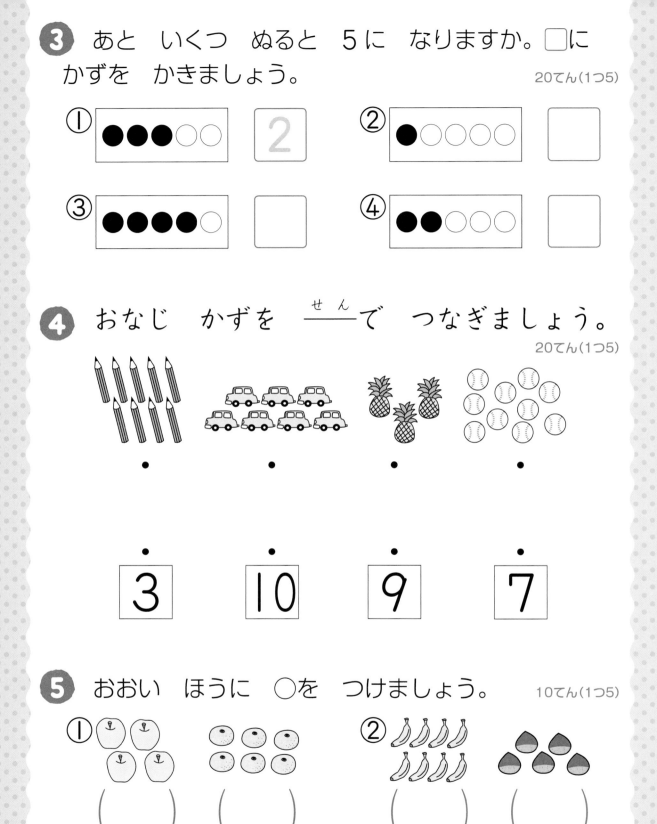

3　10　9　7

❺ おおい ほうに ○を つけましょう。

10てん(1つ5)

① (　)　(　)

② (　)　(　)

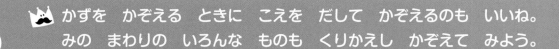

かずを かぞえる ときに こえを だして かぞえるのも いいね。
みの まわりの いろんな ものも くりかえし かぞえて みよう。

月 日　じ ふん〜 じ ふん

なまえ

てん

1 6は　いくつと　いくつですか。　18てん（1つ6）

①  ｜ と 5

②  4 と

③  3 と

2 7は　いくつと　いくつですか。　18てん（1つ6）

①  ｜ と

②  2 と

③ 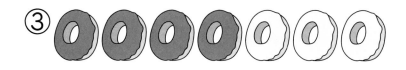 4 と

3 □に　かずを　かきましょう。　14てん（1つ7）

①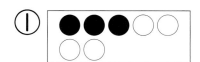

②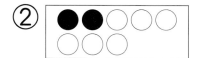

7は　3と □　　　　8は　2と □

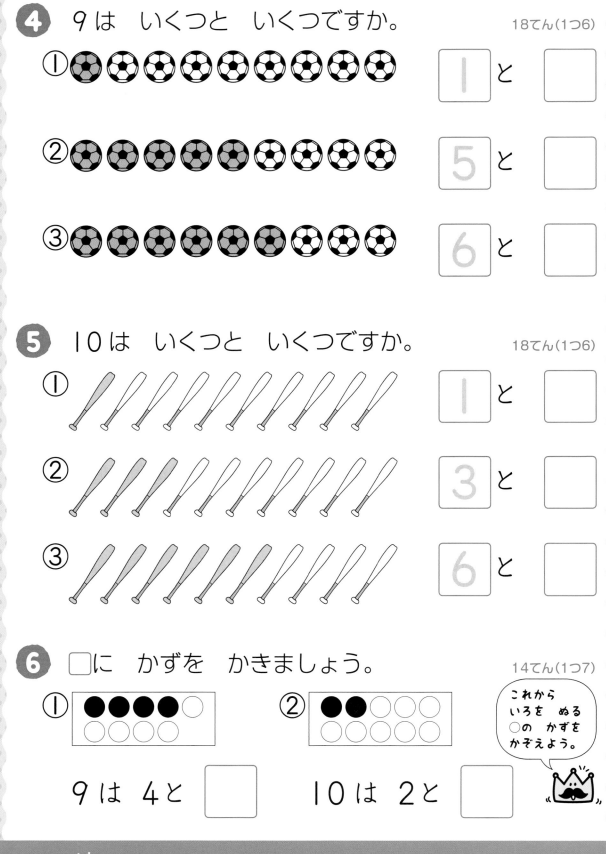

4 9は いくつと いくつですか。　18てん（1つ6）

① ⚽⚽⚽⚽⚽⚽⚽⚽⚽　１ と ☐

② ⚽⚽⚽⚽⚽⚽⚽⚽⚽　５ と ☐

③ ⚽⚽⚽⚽⚽⚽⚽⚽⚽　６ と ☐

5 10は いくつと いくつですか。　18てん（1つ6）

① 　１ と ☐

② 　３ と ☐

③ 　６ と ☐

6 ☐に かずを かきましょう。　14てん（1つ7）

これから いろを ぬる ◯の かずを かぞえよう。

① 　②

９は ４と ☐　　10は ２と ☐

はじめに おはじきを つかって かんがえるのも いいね。
「いくつと」の かずだけ てで かくすと、のこりの かずが わかるね。

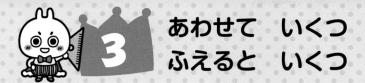

1 あわせて　いくつですか。　　24てん（1つ6）

① 　　あわせて
（　6　）ぽん

② 　　ぜんぶで
（　　　）ひき

③ 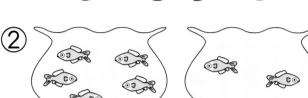　　みんなで
（　　　）わ

④ 　　あわせて
（　　　）ほん

2 あわせて　いくつですか。　　26てん（しき7・こたえ6）

①

しき（ 3＋6＝9 ）　こたえ（　　　）ほん

②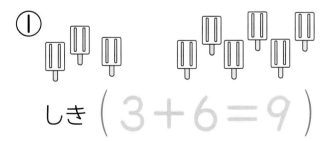

しきに　かいて
かんがえよう。

しき（　　　　　　）　こたえ（　　　）こ

❸ いくつに なりますか。 24てん（1つ6）

①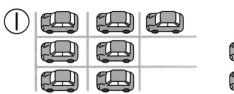

ふえると
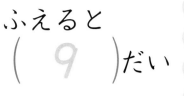（ 9 ）だい

②

いれると
（　）こ

③

くると
（　）ひき

④

いれると
（　）ほん

❹ ふえると いくつに なりますか。 26てん（しき7・こたえ6）

①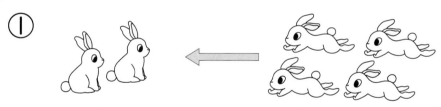

しき （ 2 ＋ 4 ＝ 6 ）　こたえ （　）ひき

②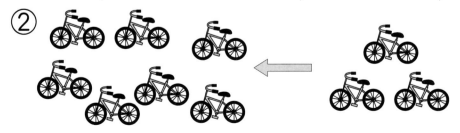

しき （　　　　　　　）　こたえ （　）だい

ひとつ ひとつの えの かずを かぞえてから たしざんを すると
いいね。ふえるのは たしざんを つかえば いいね。

4　10までの　たしざん①

1 たしざんを　しましょう。　　　　16てん（1つ2）

① 2＋1＝ 3　　　　② 4＋2＝ □

③ 5＋3＝ □　　　　④ 7＋2＝ □

⑤ 8＋2＝ □　　　　⑥ 6＋3＝ □

⑦ 3＋2＝ □　　　　⑧ 9＋1＝ □

2 たしざんを　しましょう。　　　　18てん（1つ2）

① 1＋4＝ 5　　　　② 2＋3＝ □

③ 3＋4＝ □　　　　④ 4＋5＝ □

⑤ 1＋5＝ □　　　　⑥ 2＋7＝ □

⑦ 3＋5＝ □　　　　⑧ 4＋6＝ □

⑨ 2＋6＝ □

たす　かずの　ほうが
おおきい　たしざんだよ。

7

③ たしざんを　しましょう。

66てん（1つ3）

① $3+1=$ 　　② $2+2=$

③ $2+7=$ 　　④ $1+8=$

⑤ $5+2=$ 　　⑥ $6+4=$

⑦ $4+3=$ 　　⑧ $2+4=$

⑨ $1+6=$ 　　⑩ $7+2=$

⑪ $3+7=$ 　　⑫ $2+3=$

⑬ $9+1=$ 　　⑭ $5+4=$

⑮ $6+2=$ 　　⑯ $8+1=$

⑰ $3+3=$ 　　⑱ $3+6=$

⑲ $4+1=$ 　　⑳ $2+5=$

㉑ $2+8=$ 　　㉒ $4+4=$

はじめは、ぶろっくや　ゆびを　つかっても　いいよ。なれて　きたら
あたまの　なかで　たしざんを　できるように　しよう。

月　日　　じ　ふん～　じ　ふん

なまえ

てん

❶ たしざんを　しましょう。　　　　　　32てん（1つ4）

① 3＋1＝ 4

② 2＋3＝

③ 4＋4＝

④ 6＋4＝

⑤ 7＋2＝

⑥ 2＋4＝

⑦ 3＋5＝

⑧ 5＋2＝

❷ こたえが　10の　かあどに　○を
つけましょう。　　　　　　16てん（1つ4）

2＋5　　　　8＋2　　　　1＋9
（　）　　　　（　）　　　　（　）

3＋7　　　　1＋8　　　　4＋2
（　）　　　　（　）　　　　（　）

6＋2　　　　5＋5　　　　6＋3
（　）　　　　（　）　　　　（　）

❸ たしざんを しましょう。

36てん（1つ4）

① 1＋4＝ □   ② 3＋2＝ □

③ 6＋3＝ □   ④ 2＋6＝ □

⑤ 4＋3＝ □   ⑥ 5＋4＝ □

⑦ 2＋8＝ □   ⑧ 5＋5＝ □

⑨ 7＋1＝ □

❹ こたえが おなじ かあどを ^{せん}――で つなぎましょう。

16てん（1つ4）

3＋5	・	・	6＋1
7＋3	・	・	2＋7
5＋2	・	・	4＋4
3＋6	・	・	9＋1

なんども けいさんの れんしゅうを しよう。もう いちど ぶろっくを つかって れんしゅうしても いいよ。

月 日　じ ふん〜 じ ふん
なまえ
てん

1 たしざんを しましょう。　32てん(1つ4)

① 2+1= 3　② 4+5=

③ 7+3= 　④ 3+2=

⑤ 5+1= 　⑥ 2+8=

⑦ 6+2= 　⑧ 1+6=

2 こたえが 8の かあどに ○を
つけましょう。　16てん(1つ4)

3+3 （　）　1+7 （　）　5+4 （　）

2+6 （　）　4+3 （　）　8+1 （　）

3+5 （　）　7+2 （　）　4+4 （　）

3 たしざんを　しましょう。

36てん(1つ4)

① 4+1= □　　② 2+2= □

③ 5+2= □　　④ 1+9= □

⑤ 3+6= □　　⑥ 5+5= □

⑦ 4+2= □　　⑧ 2+7= □

⑨ 6+4= □

4 こたえが　おなじ　かあどを　<ruby>せん<rt></rt></ruby>で
つなぎましょう。

16てん(1つ4)

4+6	・　・	1+8
5+4	・　・	2+5
7+1	・　・	8+2
3+4	・　・	5+3

こたえが　すぐに　いえるように　なるまで、たしざんの　かあどを
つかって　れんしゅうすると　いいね。

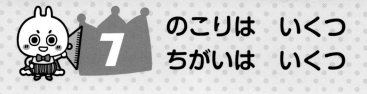

7 のこりは いくつ
ちがいは いくつ

1 のこりは いくつに なりますか。　　24てん(1つ6)

① 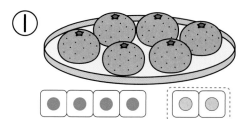　2こ たべると $\left(\ 4\ \right)$こ

② 　3わ とんで
いくと $(\quad)$わ

③ 　4だい でて
いくと $(\quad)$だい

④ 　5こ たべると $(\quad)$こ

2 のこりは いくつに なりますか。　26てん(しき7・こたえ6)

① 5ほん つかいます。

しき $\left(\ 9-5=4\ \right)$　こたえ $(\quad)$ほん

② 8まい つかいます。

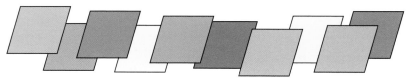

しき $(\qquad)$　こたえ $(\quad)$まい

13

3 いくつ おおいですか。

①  が
（ 3 ）びき

② 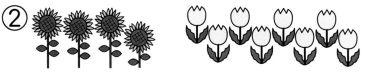  が
（　　　）ほん

③ 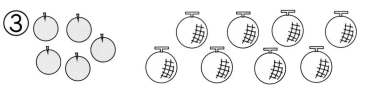 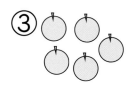 が
（　　　）こ

④   が
（　　　）ほん

4 かずの ちがいは いくつですか。

①

しき （ 6 － 4 ＝ 2 ）　こたえ（　　　）だい

②

おおい かずの
ぶんが ちがいだね。

しき （　　　　　　　　）　こたえ（　　　）こ

のこりや ちがいは ひきざんを つかえば いいね。かずを ただしく
かぞえて、おおきい かずから ちいさい かずを ひこう。

10までの ひきざん①

1 ひきざんを しましょう。

16てん(1つ2)

① 4－2= 2

② 7－3=

③ 5－3=

④ 8－2=

⑤ 9－1=

⑥ 6－3=

⑦ 9－4=

⑧ 10－2=

2 ひきざんを しましょう。

18てん(1つ2)

① 8－6= 2

② 6－5=

③ 10－9=

④ 8－5=

⑤ 9－7=

⑥ 9－6=

⑦ 7－6=

⑧ 10－7=

⑨ 10－8=

おおきい かずを
ひく ひきざんだよ。

15

③ ひきざんを　しましょう。　　　66てん（1つ3）

① $5-2=$ □　　② $6-4=$ □

③ $8-3=$ □　　④ $10-1=$ □

⑤ $2-1=$ □　　⑥ $7-4=$ □

⑦ $9-7=$ □　　⑧ $6-2=$ □

⑨ $4-3=$ □　　⑩ $8-5=$ □

⑪ $10-4=$ □　　⑫ $9-1=$ □

⑬ $7-5=$ □　　⑭ $8-4=$ □

⑮ $3-2=$ □　　⑯ $10-5=$ □

⑰ $9-2=$ □　　⑱ $7-1=$ □

⑲ $6-1=$ □　　⑳ $9-5=$ □

㉑ $9-3=$ □　　㉒ $10-3=$ □

はじめは、ぶろっくや　ゆびを　つかっても　いいよ。なれて　きたら
あたまの　なかで　ひきざんを　できるように　しよう。

月　日　　じ　ふん〜　じ　ふん

なまえ

てん

1　ひきざんを　しましょう。

32てん(1つ4)

① 6−2= 4

② 9−3= ☐

③ 4−3= ☐

④ 10−6= ☐

⑤ 9−7= ☐

⑥ 8−1= ☐

⑦ 8−3= ☐

⑧ 5−4= ☐

2　こたえが　3の　かあどに　○を
つけましょう。

16てん(1つ4)

7−4
(　)

10−9
(　)

5−2
(　)

6−4
(　)

9−6
(　)

8−4
(　)

8−5
(　)

7−2
(　)

9−8
(　)

17

③ ひきざんを しましょう。

36てん(1つ4)

① 9−5= ☐ 　　② 8−7= ☐

③ 7−2= ☐ 　　④ 10−7= ☐

⑤ 6−5= ☐ 　　⑥ 3−2= ☐

⑦ 10−5= ☐ 　　⑧ 7−5= ☐

⑨ 9−2= ☐

④ こたえが おなじ かあどを <u>せん</u>で
つなぎましょう。

16てん(1つ4)

9−4	• 　 •	7−3
10−6	• 　 •	6−1
5−3	• 　 •	9−3
8−2	• 　 •	10−8

なんども くりかえし けいさんして みよう。こえに だして
れんしゅうするのも いい ほうほうだよ。

月　日　じ　ふん〜　じ　ふん

なまえ

てん

1 ひきざんを　しましょう。

32てん（1つ4）

① 　4－2＝ 2　　　② 　7－4＝ ☐

③ 10－3＝ ☐　　　④ 　5－1＝ ☐

⑤ 　9－6＝ ☐　　　⑥ 　8－4＝ ☐

⑦ 　6－5＝ ☐　　　⑧ 10－2＝ ☐

2 こたえが　4の　かあどに　○を
つけましょう。

16てん（1つ4）

6－5　　　9－5　　　10－6

（　　）　　（　　）　　（　　）

7－3　　　4－1　　　9－7

（　　）　　（　　）　　（　　）

10－2　　　6－2　　　8－3

（　　）　　（　　）　　（　　）

19

❸ ひきざんを しましょう。

① 8−2=□　　② 10−5=□

③ 6−4=□　　④ 9−3=□

⑤ 10−7=□　　⑥ 8−5=□

⑦ 5−3=□　　⑧ 7−2=□

⑨ 9−4=□

❹ こたえが おなじ かあどを ＿＿せんで つなぎましょう。

16てん(1つ4)

10−4	・	・	8−6
5−2	・	・	7−1
8−1	・	・	6−3
7−5	・	・	9−2

こたえが すぐに いえるように なるまで、ひきざんの かあどなどを つかって れんしゅうして みるのも いいね。

11　0の　たしざん、ひきざん

① きんぎょすくいを　2かい　しました。
あわせて　なんびきですか。□に　かずを
かきましょう。

18てん(1つ3)

 　　　1　+　3　=　□

  　　　2　+　□　=　□

  　　　□　+　2　=　□

② たしざんを　しましょう。

32てん(1つ4)

① 3+0=□　　② 5+0=□

③ 0+4=□　　④ 9+0=□

⑤ 0+0=□　　⑥ 0+8=□

⑦ 7+0=□　　⑧ 10+0=□

21

❸ かあどが　5まい　あります。のこりは　なんまいに
なりますか。□に　かずを　かきましょう。　　18てん(1つ3)

① 2まい　とると　➡　5 − [2] = □

② 1まい　とると　➡　5 − □ = □

③ 0まい　とると　➡　5 − □ = □

❹ ひきざんを　しましょう。　　32てん(1つ4)

① 3−0= □　　② 10−0= □

③ 4−4= □　　④ 6−0= □

⑤ 0−0= □　　⑥ 5−0= □

⑦ 9−9= □　　⑧ 2−0= □

0と　いう　かずを　たしても　ひいても　こたえが　かわらない
ことが　わかったかな？　0は　ひとつも　ない　ことを　あらわすよ。

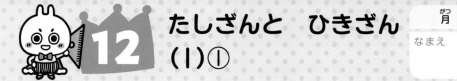

12 たしざんと ひきざん (1)①

1 あわせて いくつですか。

30てん(しき5・こたえ5)

①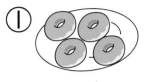

しき $(4 + 1 = 5)$　　こたえ (　　) こ

②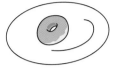

しき (　　　　　)　　こたえ (　　) わ

③

しき (　　　　　)　　こたえ (　　) こ

2 けいさんを しましょう。

28てん(1つ4)

① $4 + 4 =$ ☐　　② $7 - 2 =$ ☐

③ $8 - 5 =$ ☐　　④ $1 + 8 =$ ☐

⑤ $3 + 7 =$ ☐　　⑥ $10 - 3 =$ ☐

⑦ $9 - 6 =$ ☐

たしざんと ひきざんの
りょうほうが あるね。

23

③ のこりは いくつに なりますか。　30てん(しき5・こたえ5)

くるまが 8 だい
とまって います。

① 3だい でて いきます。

しき (8－3＝5)　こたえ (　　) だい

② 2だい でて いきます。

しき (　　　　　)　こたえ (　　) だい

③ 6だい でて いきます。

しき (　　　　　)　こたえ (　　) だい

④ こたえが 7の かあどに ○を

つけましょう。

12てん(1つ4)

4＋2	6－3	3＋4
(　　)	(　　)	(　　)
9－2	2＋6	7－1
(　　)	(　　)	(　　)
10－4	5＋2	3＋3
(　　)	(　　)	(　　)

「あわせて」は たしざん、「のこりは」は ひきざんを つかって
けいさんすると いいね。 かずの かぞえかたにも きを つけよう。

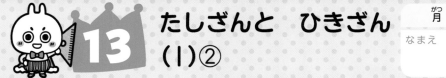

がつ 月　にち 日　じ　ふん〜　じ　ふん

なまえ

てん

1 ふえると いくつに なりますか。　30てん(しき5・こたえ5)

① 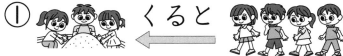 くると

しき (3 + 4 = 7)　こたえ ( )にん

② いれると

しき ( )　こたえ ( )ほん

③ くると

しき ( )　こたえ ( )ぴき

2 けいさんを しましょう。　28てん(1つ4)

① 1 + 7 = ☐　　② 7 − 3 = ☐

③ 10 − 7 = ☐　　④ 6 + 3 = ☐

⑤ 9 + 1 = ☐　　⑥ 5 − 4 = ☐

⑦ 9 − 4 = ☐

たしざんと ひきざんを
まちがえないよう
きを つけよう。

3 ちがいは　いくつですか。

30てん（しき5・こたえ5）

①

しき （ 6 − 4 ＝ 2 ）　こたえ （　　　）ほん

②

しき （　　　　　　　）　こたえ （　　）こ

③

しき （　　　　　　　）　こたえ （　　）こ

4 こたえが　おなじ　かあどを　<ruby>──<rt>せん</rt></ruby>で
つなぎましょう。

12てん（1つ4）

| 1＋3 | ・ | ・ | 8−2 |

| 9−1 | ・ | ・ | 10−6 |

| 5＋1 | ・ | ・ | 6＋2 |

「ふえると」は　たしざん、「ちがいは」は　ひきざんを　つかって
けいさんすると　いいね。　えの　かずを　ただしく　かぞえよう。

26

がつ 月　にち 日　じ ふん〜 じ ふん

なまえ

てん

1 たしざんを　しましょう。　　　　　16てん(1つ2)

① 1+2= 3　　② 4+5=

③ 3+3= 　　④ 8+2=

⑤ 5+3= 　　⑥ 3+4=

⑦ 9+1= 　　⑧ 2+7=

2 ひきざんを　しましょう。　　　　　18てん(1つ2)

① 5−4= 　　② 9−3=

③ 10−5= 　　④ 8−6=

⑤ 4−1= 　　⑥ 7−2=

⑦ 8−5= 　　⑧ 10−6=

⑨ 9−2=

27

❸ けいさんを しましょう。

66てん（1つ3）

① 5+5= ☐   ② 6−5= ☐

③ 8−3= ☐   ④ 1+8= ☐

⑤ 2+6= ☐   ⑥ 10−4= ☐

⑦ 6−3= ☐   ⑧ 7+2= ☐

⑨ 5+4= ☐   ⑩ 6−2= ☐

⑪ 9−8= ☐   ⑫ 7+1= ☐

⑬ 2+5= ☐   ⑭ 8−4= ☐

⑮ 5−2= ☐   ⑯ 6+3= ☐

⑰ 3+7= ☐   ⑱ 9−4= ☐

⑲ 7−5= ☐   ⑳ 4+3= ☐

㉑ 2+4= ☐   ㉒ 10−8= ☐

ていねいに ただしく けいさんしよう。

15 まとめの テスト

1 いくつに なりますか。

① 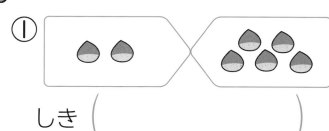 あわせて なんこ

しき （　　　　　　　） こたえ （　　　）こ

②  ふえると なんわ

しき （　　　　　　　） こたえ （　　　）わ

2 6は いくつと いくつですか。

① $\boxed{1}$ と $\boxed{}$ ② $\boxed{3}$ と $\boxed{}$ ③ $\boxed{4}$ と $\boxed{}$

3 こたえが おなじ かあどを <u>せん</u>で

つなぎましょう。

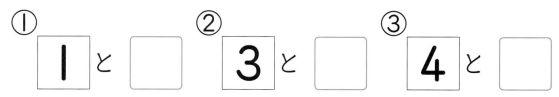

3＋2	3＋5	5－1	9－2
・	・	・	・

・	・	・	・
10－2	4＋0	1＋6	7－2

4 いくつに なりますか。

① のこりは なんまいですか。

 ➡️ 5まい たべました。

しき （　　　　　　　　　）　こたえ （　　　）まい

② ちがいは なんぼんですか。

しき （　　　　　　　　　）　こたえ （　　　）ぽん

5 けいさんを しましょう。

① 2＋3＝□　　② 9－8＝□

③ 6－0＝□　　④ 5＋5＝□

⑤ 8＋1＝□　　⑥ 3－3＝□

⑦ 7－0＝□　　⑧ 2＋8＝□

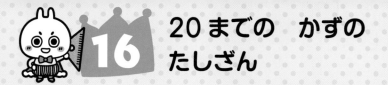

1 あわせて いくつですか。　　16てん（しき4・こたえ4）

①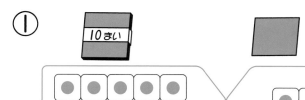

しき $(10 + 2 = 12)$　こたえ（　　　）まい

② えんぴつ 12ほん

しき（　　　　　　　　　）　こたえ（　　　）ほん

2 たしざんを しましょう。　　40てん（1つ4）

① $10 + 4 = \boxed{}$　　② $10 + 9 = \boxed{}$

③ $10 + 6 = \boxed{}$　　④ $10 + 10 = \boxed{}$

⑤ $15 + 1 = \boxed{}$　　⑥ $13 + 5 = \boxed{}$

⑦ $11 + 7 = \boxed{}$　　⑧ $14 + 3 = \boxed{}$

⑨ $12 + 4 = \boxed{}$　　⑩ $16 + 2 = \boxed{}$

③ たしざんを しましょう。 28てん(1つ4)

① 11+3= ☐　　② 12+6= ☐

③ 18+1= ☐　　④ 14+4= ☐

⑤ 13+6= ☐　　⑥ 15+2= ☐

⑦ 11+4= ☐

> 10と いくつに
> いくつかを
> たすよ。

④ こたえが 17の かあどに ◯を つけましょう。 16てん(1つ4)

14+2	13+2	17+1
( )	( )	( )
11+6	12+7	16+1
( )	( )	( )
12+5	11+2	13+4
( )	( )	( )

10と いくつの たしざんは、10の まとまりと いくつに わけて かんがえるよ。いくつの かずの たしざんを すると いいよ。

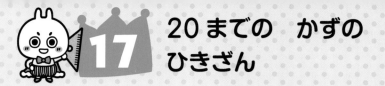

20までの かずの ひきざん

月 日　じ ふん〜 じ ふん

なまえ

てん

❶ のこりは いくつに なりますか。 16てん(しき4・こたえ4)

①  ⟶ 4まい たべました。

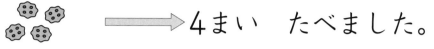

しき $(14 - 4 = 10)$　こたえ ( ) まい

② 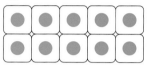 ⟶ 2こ たべました。

しき ( )　こたえ ( ) こ

❷ ひきざんを しましょう。 40てん(1つ4)

① $11 - 1 =$ ☐　　② $17 - 7 =$ ☐

③ $19 - 9 =$ ☐　　④ $13 - 3 =$ ☐

⑤ $16 - 2 =$ ☐　　⑥ $18 - 6 =$ ☐

⑦ $12 - 1 =$ ☐　　⑧ $19 - 3 =$ ☐

⑨ $17 - 5 =$ ☐　　⑩ $13 - 2 =$ ☐

③ ひきざんを　しましょう。　　　　　　28てん（1つ4）

① $15 - 5 =$ □　　　② $18 - 1 =$ □

③ $17 - 4 =$ □　　　④ $14 - 2 =$ □

⑤ $19 - 7 =$ □　　　⑥ $16 - 6 =$ □

⑦ $13 - 2 =$ □

④ こたえが　14の　かあどに　○を
つけましょう。　　　　　　　　16てん（1つ4）

$14 - 1$	$17 - 3$	$18 - 3$
（　　）	（　　）	（　　）
$18 - 4$	$16 - 5$	$19 - 5$
（　　）	（　　）	（　　）
$19 - 1$	$15 - 1$	$16 - 4$
（　　）	（　　）	（　　）

10と　いくつの　ひきざんは、10の　まとまりと　いくつに　わけて
かんがえるよ。いくつの　かずの　ひきざんを　すると　いいよ。

18 3つの かずの けいさん ①

1 なんわに なりましたか。 25てん(1つ3・こたえ4)

① 1わ きました。

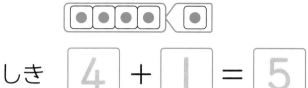

はじめに 4わ います。

しき $4 + 1 = 5$

② つぎに 5わ きました。

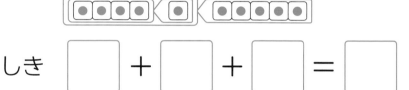

しき □ + □ + □ = □

こたえ（　　）わ

2 けいさんを しましょう。 20てん(1つ2)

① $2+3+1=$ □ 　 ② $4+1+2=$ □

③ $6+1+2=$ □ 　 ④ $3+6+1=$ □

⑤ $4+4+1=$ □ 　 ⑥ $1+2+5=$ □

⑦ $3+2+3=$ □ 　 ⑧ $4+2+4=$ □

⑨ $1+5+1=$ □ 　 ⑩ $3+1+4=$ □

❸ なんだいに　なりましたか。

① 6だい　きました。

はじめに　4だい
とまって　います。

しき　$\boxed{4} + \boxed{6} = \boxed{10}$

② つぎに　5だい　きました。

しき　$\boxed{} + \boxed{} + \boxed{} = \boxed{}$

こたえ（　　　）だい

❹ けいさんを　しましょう。

① $7+3+2=\boxed{}$　　② $9+1+6=\boxed{}$

③ $4+6+8=\boxed{}$　　④ $5+5+2=\boxed{}$

⑤ $8+2+5=\boxed{}$　　⑥ $3+7+3=\boxed{}$

⑦ $1+9+4=\boxed{}$　　⑧ $5+5+9=\boxed{}$

⑨ $2+8+1=\boxed{}$　　⑩ $6+4+7=\boxed{}$

ひだりから　じゅんに　たして　いこう。　10の　まとまりが
できたら、10と　いくつと　かんがえると　いいね。

1 なんこに なりましたか。　24てん(1つ3)

① 3こ たべました。

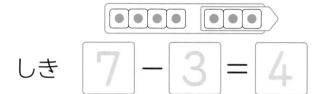

はじめに 7こ あります。

しき $\boxed{7} - \boxed{3} = \boxed{4}$

② つぎに 2こ たべました。

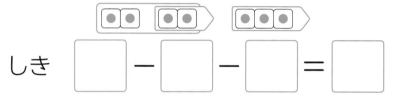

しき $\boxed{} - \boxed{} - \boxed{} = \boxed{}$

こたえ （　　）こ

2 けいさんを しましょう。　20てん(1つ2)

① 5−1−2= □　　② 6−2−3= □

③ 13−3−5= □　　④ 7−2−3= □

⑤ 8−2−3= □　　⑥ 15−5−6= □

⑦ 16−6−4= □　　⑧ 9−1−5= □

⑨ 8−3−1= □　　⑩ 18−8−2= □

3 なんにんに　なりましたか。

16てん(しき4・こたえ4)

①  → ふたり
おりました。 → 4にん
のりました。

はじめに　5にん　のって　います。

しき（ 5−2+4=7 ）こたえ（　　　）にん

② → 3にん
きました。 → 5にん
かえりました。

はじめに　7にん　います。

しき（　　　　　　　　　　　　　　）こたえ（　　　）にん

4 けいさんを　しましょう。

40てん(1つ5)

① 7−4+2=□　　② 12−2+6=□

③ 15−5+8=□　　④ 9−7+2=□

⑤ 10−7+4=□　　⑥ 10+6−4=□

⑦ 10+7−2=□　　⑧ 16+3−8=□

たしざんや　ひきざんが　まじって　いても、　ひだりから　じゅんに
けいさんして　いこう。

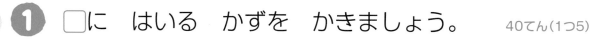
❶ □に はいる かずを かきましょう。   40てん(1つ5)

① 9+3の けいさん

9+3

3を 1と 2 に わける。

9に □ を たして 10

□□□□□ + ⬛□□ 10と □ で □

② 9+8の けいさん

9+8

8を 1と □ に わける。

9に □ を たして 10

□□□□□ + ⬛□□□□ 10と □ で □

❷ たしざんを しましょう。   24てん(1つ4)

① 9+2= □   ② 9+5= □

③ 9+7= □   ④ 9+4= □

⑤ 9+9= □   ⑥ 9+6= □

❸ こたえが 16の かあどに ○を つけましょう。

4てん

9+4	9+9	9+2
( )	( )	( )

9+3	9+7	9+5
( )	( )	( )

❹ □に はいる かずを かきましょう。

16てん(1つ4)

9+8の べつの けいさんの しかた

9+8
7 2

9を 7と □ に わける。

8に □ を たして 10

 10と □ で □

❺ たしざんを しましょう。

16てん(1つ4)

① 9+9= □ 　 ② 9+4= □

③ 9+2= □ 　 ④ 9+6= □

9+●の けいさんは、まず ●を 1と いくつに わけて けいさんしよう。④では、9を わけて けいさんして いるよ。

1 □に はいる かずを かきましょう。 60てん(1つ5)

① 8+5の けいさん

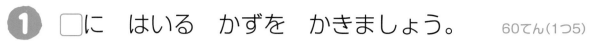

5を 2と 3 に わける。

8に □ を たして 10

10と □ で □

② 7+9の けいさん

9を 3と □ に わける。

7に □ を たして 10

10と □ で □

③ 7+9の べつの けいさんの しかた

7を 6と □ に わける。

9に □ を たして 10

10と □ で □

2 たしざんを しましょう。

24てん(1つ4)

① 7+5= ☐   ② 8+9= ☐

③ 8+8= ☐   ④ 7+4= ☐

⑤ 7+6= ☐   ⑥ 8+5= ☐

3 こたえが おなじ かあどを <u>せん</u>で つなぎましょう。

16てん(1つ4)

7+7 ・   ・ 8+4

8+3 ・   ・ 7+8

7+5 ・   ・ 8+6

8+7 ・   ・ 7+4

👑 8+●、7+●の けいさんは、まず ●を それぞれ 2と いくつ、3と いくつに わけて けいさんしよう。

① □に はいる かずを かきましょう。　60てん(1つ5)

① 6+7の けいさん

6+7
 4 3

7を 4と 3 に わける。

6に □ を たして 10

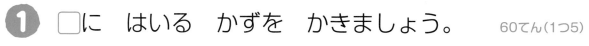 10と □ で □

② 5+6の けいさん

5+6
 5 1

6を 5と □ に わける。

5に □ を たして 10

 10と □ で □

③ 5+6の べつの けいさんの しかた

5+6
 1 4

5を 1と □ に わける。

6に □ を たして 10

 10と □ で □

❷ たしざんを しましょう。 24てん(1つ4)

① 6＋5＝ ☐   ② 5＋9＝ ☐

③ 5＋8＝ ☐   ④ 6＋6＝ ☐

⑤ 6＋9＝ ☐   ⑥ 5＋7＝ ☐

❸ こたえが おなじ かあどを ^{せん}——で
つなぎましょう。

16てん(1つ4)

5＋8	・	・	6＋8
6＋5	・	・	6＋7
5＋7	・	・	5＋6
5＋9	・	・	6＋6

6＋●、5＋●の けいさんは、まず ●を それぞれ 4と いくつ、
5と いくつに わけて けいさんしよう。

1 □に はいる かずを かきましょう。　48てん（1つ4）

① 4＋7の けいさん

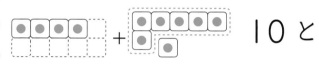 7を 6と 1 に わける。

4に □ を たして 10

10と □ で □

② 3＋9の けいさん

3＋9
7 2

9を 7と □ に わける。

3に □ を たして 10

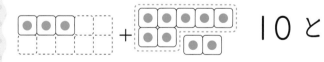 10と □ で □

③ 2＋9の けいさん

2＋9
8 1

9を 8と □ に わける。

2に □ を たして 10

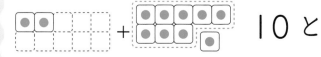 10と □ で □

❷ たしざんを しましょう。

20てん(1つ5)

① 4+9=□　　② 3+8=□

③ 2+9=□　　④ 4+8=□

❸ □に はいる かずを かきましょう。

20てん(1つ5)

4+7の べつの けいさんの しかた

4+7

4を 1と □に わける。

7に □を たして 10

10と □で □

❹ こたえが 11の かあどに ○を
つけましょう。

12てん(1つ4)

3+9	4+8	2+9
(　)	(　)	(　)

4+7	4+9	3+8
(　)	(　)	(　)

👑 4+●、3+●、2+●の けいさんは、まず、●を それぞれ 6と
いくつ、7と いくつ、8と いくつに わけて けいさんしよう。

46

月　日　　じ　ふん～　じ　ふん

なまえ

てん

1 たしざんを しましょう。

66てん(1つ3)

① 3＋8＝ ☐　　　② 7＋6＝ ☐

③ 8＋4＝ ☐　　　④ 8＋5＝ ☐

⑤ 9＋4＝ ☐　　　⑥ 5＋6＝ ☐

⑦ 7＋9＝ ☐　　　⑧ 6＋7＝ ☐

⑨ 4＋8＝ ☐　　　⑩ 2＋9＝ ☐

⑪ 6＋9＝ ☐　　　⑫ 9＋3＝ ☐

⑬ 9＋8＝ ☐　　　⑭ 7＋4＝ ☐

⑮ 8＋8＝ ☐　　　⑯ 6＋8＝ ☐

⑰ 4＋7＝ ☐　　　⑱ 3＋9＝ ☐

⑲ 9＋9＝ ☐　　　⑳ 8＋6＝ ☐

㉑ 8＋3＝ ☐　　　㉒ 9＋7＝ ☐

❷ こたえが おなじ かあどを <ruby>——<rt>せん</rt></ruby>で
つなぎましょう。

16てん(1つ4)

7+5	5+8	9+6	7+7

8+7	9+5	6+6	4+9

❸ あわせて いくつですか。

18てん(しき3・こたえ3)

① りすが 3びき、たぬきが 8ひき
います。

しき (3+8=11)　こたえ ( )ぴき

② はがきが 8まい、きってが 9まい
あります。

しき ( )　こたえ ( )まい

③ くれよんが 5ほん、えんぴつが 7ほん
あります。

しき ( )　こたえ ( )ほん

くりあがりの ある たしざんは、はじめに 10の まとまりを
つくると いいね。なんども れんしゅうしよう。

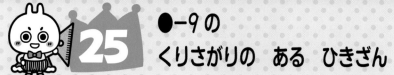
1 □に はいる かずを かきましょう。　　30てん(1つ5)

① 13−9 の けいさん

13 を 10 と [3] に わける。

10 から 9 を ひいて □

1 と 3 で □

② 16−9 の けいさん

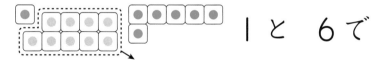

16 を 10 と □ に わける。

10 から 9 を ひいて □

1 と 6 で □

2 ひきざんを しましょう。　　30てん(1つ5)

① 12−9= □　　② 17−9= □

③ 15−9= □　　④ 11−9= □

⑤ 14−9= □　　⑥ 18−9= □

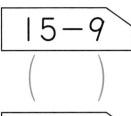

❸ こたえが 8の かあどに ○を
つけましょう。

4てん

15−9	18−9	13−9
( )	( )	( )
14−9	17−9	11−9
( )	( )	( )

❹ □に はいる かずを かきましょう。

20てん(1つ5)

13−9の べつの けいさんの しかた

13−9
3 6

9を 3と □ に わける。

13から 3を ひいて □

□ から 6を ひいて □

❺ ひきざんを しましょう。

16てん(1つ4)

① 18−9= □   ② 15−9= □

③ 12−9= □   ④ 16−9= □

●−9の けいさんは、まず ●を 10と いくつに わけて
けいさんしよう。④では 9を わけて けいさんして いるよ。

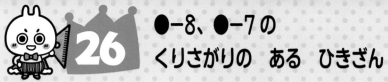

26 ●-8、●-7の くりさがりの ある ひきざん

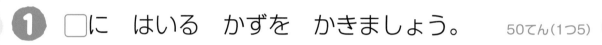

1 □に はいる かずを かきましょう。   50てん(1つ5)

① 13-8の けいさん

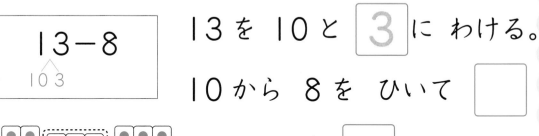

13 を 10 と 3 に わける。

10 から 8 を ひいて □

2 と 3 で □

② 12-7の けいさん

12 を 10 と □ に わける。

10 から 7 を ひいて □

3 と 2 で □

③ 12-7の べつの けいさんの しかた

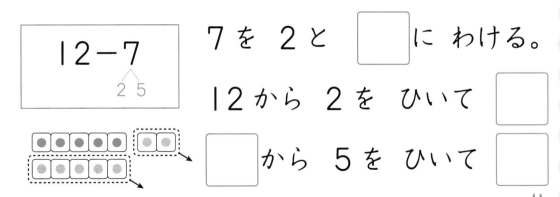

7 を 2 と □ に わける。

12 から 2 を ひいて □

□ から 5 を ひいて □

51

❷ ひきざんを しましょう。

① 11−8 = ☐　　② 14−7 = ☐

③ 16−7 = ☐　　④ 13−8 = ☐

⑤ 15−8 = ☐　　⑥ 12−7 = ☐

❸ こたえが おなじ かあどを <u>せん</u>で つなぎましょう。

20てん（1つ5）

12−8　・　　・　16−8

13−7　・　　・　11−7

17−8　・　　・　14−8

15−7　・　　・　16−7

●−8、●−7の けいさんは、まず ●を 10と いくつに わけて けいさんしよう。①③では、7を わけて けいさんして いるよ。

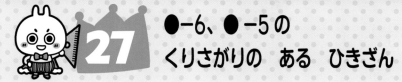
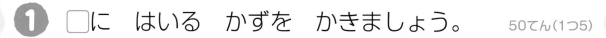

① □に はいる かずを かきましょう。　50てん（1つ5）

① 11−6の けいさん

11を 10と □ に わける。

10から 6を ひいて □

4と 1で □

② 13−5の けいさん

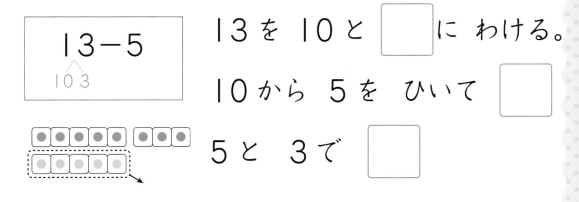

13を 10と □ に わける。

10から 5を ひいて □

5と 3で □

③ 13−5の べつの けいさんの しかた

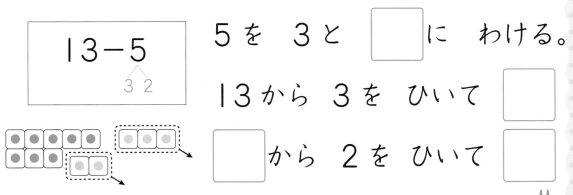

5を 3と □ に わける。

13から 3を ひいて □

□ から 2を ひいて □

53

② ひきざんを しましょう。 30てん(1つ5)

① 14−6= ☐   ② 11−5= ☐

③ 12−5= ☐   ④ 15−6= ☐

⑤ 11−6= ☐   ⑥ 14−5= ☐

③ こたえが おなじ かあどを ^{せ ん}―――で つなぎましょう。 20てん(1つ5)

13−6	・	・	11−5
14−5	・	・	14−6
12−6	・	・	12−5
13−5	・	・	15−6

●−6、●−5の けいさんは、まず ●を 10と いくつに わけて けいさんしよう。①③では、5を わけて けいさんして いるよ。

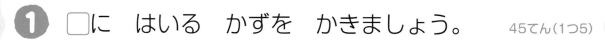

28 ●－4、●－3、●－2の くりさがりの ある ひきざん

1 □に はいる かずを かきましょう。　45てん(1つ5)

① 11－4の けいさん

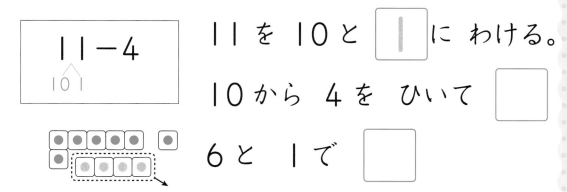

11を 10と ［1］に わける。

10から 4を ひいて ［ ］

6と 1で ［ ］

② 12－3の けいさん

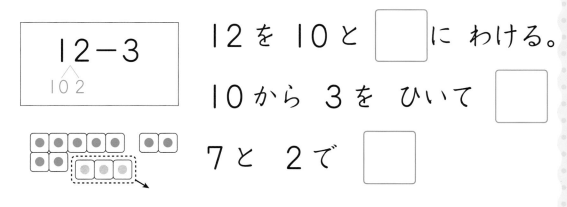

12を 10と ［ ］に わける。

10から 3を ひいて ［ ］

7と 2で ［ ］

③ 11－2の けいさん

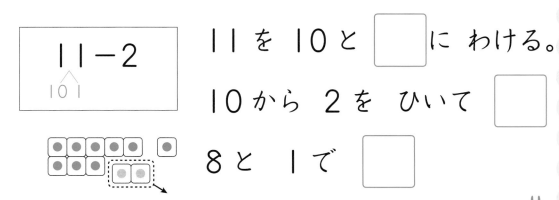

11を 10と ［ ］に わける。

10から 2を ひいて ［ ］

8と 1で ［ ］

2 ひきざんを しましょう。

20てん(1つ5)

① 11−3= ☐　　② 13−4= ☐

③ 12−4= ☐　　④ 11−2= ☐

3 ☐に はいる かずを かきましょう。

20てん(1つ5)

11−4 の べつの けいさんの しかた

11−4
↑3

4を 1と ☐ に わける。

11から 1を ひいて ☐

 ☐ から 3を ひいて ☐

4 こたえが 9の かあどに ○を つけましょう。

15てん(1つ5)

11−4　　12−3　　11−3
(　)　　(　)　　(　)

13−4　　11−2　　12−4
(　)　　(　)　　(　)

56

●−4、●−3、●−2の けいさんも、●を 10と いくつに わけて けいさんしよう。③では、4を わけて けいさんして いるよ。

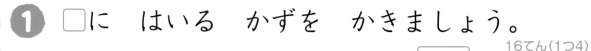

① □に はいる かずを かきましょう。

16てん（1つ4）

15−6
10 5

15 を 10 と □ に わける。

10 から □ を ひいて 4

4 と □ で □

② ひきざんを しましょう。

48てん（1つ3）

① 17−9＝□   ② 15−8＝□

③ 11−4＝□   ④ 14−5＝□

⑤ 15−9＝□   ⑥ 13−6＝□

⑦ 11−6＝□   ⑧ 12−9＝□

⑨ 14−7＝□   ⑩ 11−3＝□

⑪ 11−7＝□   ⑫ 14−8＝□

⑬ 13−4＝□   ⑭ 16−7＝□

⑮ 15−7＝□   ⑯ 11−5＝□

③ こたえが　8の　かあどに　いろを
ぬりましょう。

24てん(1つ4)

13-8	12-4	18-9
12-3	11-3	14-6
13-5	14-9	13-7
12-7	11-2	16-9
16-8	12-5	17-9

こたえが　8の　かあどは
6まい　あるよ。

④ いくつに　なりますか。

12てん(しき3・こたえ3)

① おにぎりが　14こ　あります。8こ
たべると、なんこ　のこりますか。

しき（　　　　　　　　）　こたえ（　　）こ

② ねこが　17ひき、いぬが　8ひき
います。ちがいは　なんびきですか。

しき（　　　　　　　　）　こたえ（　　）ひき

くりさがりの　ある　ひきざんは、まず　ひかれる　かずを　10と
いくつに　わけて　けいさんしよう。ひく　かずを　わけても　いいよ。

月　日　じ　ふん〜　じ　ふん
なまえ
てん

1 たしざんを しましょう。　24てん(1つ3)

① 9＋2＝ ☐　　② 8＋3＝ ☐

③ 5＋7＝ ☐　　④ 4＋9＝ ☐

⑤ 6＋6＝ ☐　　⑥ 9＋6＝ ☐

⑦ 8＋7＝ ☐　　⑧ 7＋7＝ ☐

2 ひきざんを しましょう。　24てん(1つ3)

① 14－9＝ ☐　　② 12－8＝ ☐

③ 11－4＝ ☐　　④ 14－7＝ ☐

⑤ 15－6＝ ☐　　⑥ 16－9＝ ☐

⑦ 13－7＝ ☐　　⑧ 11－3＝ ☐

❸ こたえが　１１の　かあどに　○を
つけましょう。

12てん(1つ3)

5+9	6+5	4+8
(　)	(　)	(　)

3+8	9+4	2+9
(　)	(　)	(　)

6+7	7+4	8+5
(　)	(　)	(　)

❹ けいさんを　しましょう。

40てん(1つ4)

① $12-6=$ ☐　　② $9+7=$ ☐

③ $8+6=$ ☐　　④ $13-4=$ ☐

⑤ $15-7=$ ☐　　⑥ $6+9=$ ☐

⑦ $7+5=$ ☐　　⑧ $16-8=$ ☐

⑨ $12-9=$ ☐　　⑩ $8+4=$ ☐

くりあがりの　ある　たしざんは、まず　１０の　まとまりを　つくろう。
くりさがりの　ある　ひきざんは、まず　１０から　ひくんだよ。

1 たしざんを しましょう。　24てん(1つ3)

① 8+3= ☐ 　② 9+7= ☐

③ 6+8= ☐ 　④ 5+6= ☐

⑤ 9+4= ☐ 　⑥ 8+9= ☐

⑦ 5+7= ☐ 　⑧ 7+8= ☐

2 ひきざんを しましょう。　24てん(1つ3)

① 14−9= ☐ 　② 13−6= ☐

③ 12−4= ☐ 　④ 14−8= ☐

⑤ 11−5= ☐ 　⑥ 17−9= ☐

⑦ 13−8= ☐ 　⑧ 12−5= ☐

3 こたえが　おなじ　かあどを　<ruby>せ<rt>ん</rt></ruby>で
つなぎましょう。

12てん（1つ3）

$11-3$	•	•	$18-9$
$12-7$	•	•	$13-5$
$14-7$	•	•	$11-6$
$13-4$	•	•	$15-8$

4 けいさんを　しましょう。

40てん（1つ4）

① $9+3=$ 　　　② $15-9=$

③ $11-7=$ 　　　④ $8+6=$

⑤ $4+8=$ 　　　⑥ $16-8=$

⑦ $14-5=$ 　　　⑧ $2+9=$

⑨ $6+7=$ 　　　⑩ $12-6=$

④は、たしざんと　ひきざんの　りょうほうが　あるよ。
きを　つけよう。

32 たしざんと ひきざん (2)③

1 たしざんを しましょう。

24てん(1つ3)

① 7+5= ☐   ② 6+9= ☐

③ 9+3= ☐   ④ 7+7= ☐

⑤ 4+7= ☐   ⑥ 9+8= ☐

⑦ 8+8= ☐   ⑧ 8+5= ☐

2 ひきざんを しましょう。

24てん(1つ3)

① 14−7= ☐   ② 13−9= ☐

③ 15−8= ☐   ④ 12−7= ☐

⑤ 16−7= ☐   ⑥ 13−5= ☐

⑦ 11−8= ☐   ⑧ 12−6= ☐

③ こたえが 7の かあどに ○を
つけましょう。

12てん(1つ3)

12−5	14−6	16−9
( )	( )	( )
13−7	11−4	12−3
( )	( )	( )
16−8	15−9	13−6
( )	( )	( )

④ けいさんを しましょう。

40てん(1つ4)

① 11−9 = ☐　　② 7+8 = ☐

③ 6+6 = ☐　　④ 14−5 = ☐

⑤ 17−8 = ☐　　⑥ 8+3 = ☐

⑦ 6+5 = ☐　　⑧ 13−4 = ☐

⑨ 12−8 = ☐　　⑩ 9+9 = ☐

かあどの もんだいは、けいさんの こたえを かいて おくと いいよ。

33 たしざんと ひきざん (2)④

1 たしざんを しましょう。　24てん(1つ3)

①　8＋4＝☐　　②　9＋5＝☐

③　5＋8＝☐　　④　6＋6＝☐

⑤　9＋7＝☐　　⑥　7＋8＝☐

⑦　8＋6＝☐　　⑧　5＋7＝☐

2 ひきざんを しましょう。　24てん(1つ3)

①　13－4＝☐　　②　12－9＝☐

③　16－7＝☐　　④　15－8＝☐

⑤　14－9＝☐　　⑥　11－4＝☐

⑦　13－8＝☐　　⑧　14－7＝☐

❸ こたえが　おなじ　かあどを　<ruby>線<rt>せ ん</rt></ruby>で
つなぎましょう。

12てん(1つ3)

3＋9　　・	・　4＋7
8＋5　　・	・　6＋8
5＋6　　・	・　7＋5
7＋7　　・	・　9＋4

❹ けいさんを　しましょう。

40てん(1つ4)

① 8＋8＝ ☐　　② 15－6＝ ☐

③ 11－2＝ ☐　　④ 4＋8＝ ☐

⑤ 7＋6＝ ☐　　⑥ 12－6＝ ☐

⑦ 16－9＝ ☐　　⑧ 5＋9＝ ☐

⑨ 8＋3＝ ☐　　⑩ 17－8＝ ☐

はやく　けいさんする　ことだけを　きに　するのでは　なく、
ていねいに　ただしく　けいさんしよう。

1 たしざんを しましょう。　32てん(1つ4)

①　$8 + 3 =$ 　　②　$6 + 8 =$

③　$9 + 7 =$ 　　④　$3 + 9 =$

⑤　$7 + 4 =$ 　　⑥　$9 + 5 =$

⑦　$9 + 9 =$ 　　⑧　$8 + 9 =$

2 ひきざんを しましょう。　32てん(1つ4)

①　$11 - 9 =$ 　　②　$13 - 5 =$

③　$12 - 8 =$ 　　④　$15 - 9 =$

⑤　$13 - 7 =$ 　　⑥　$11 - 6 =$

⑦　$17 - 8 =$ 　　⑧　$15 - 7 =$

❸ こたえが 12の かあどに ○を つけましょう。

12てん(1つ3)

6＋5	4＋8	5＋9
（　　）	（　　）	（　　）
7＋6	9＋3	4＋7
（　　）	（　　）	（　　）
5＋7	3＋8	6＋6
（　　）	（　　）	（　　）

❹ けいさんを しましょう。

18てん(1つ3)

① 13－4＝ □　　② 7＋7＝ □

③ 2＋9＝ □　　④ 14－6＝ □

⑤ 16－7＝ □　　⑥ 9＋8＝ □

❺ くるまが 8だい とまって います。
5だい くると、なんだいに なりますか。

6てん(しき3・こたえ3)

しき （　　　　　　　）　　こたえ （　　）だい

くるまが 「5だい くる」と 5だい ふえるから、たしざんを つかうと いいね。

月 日　じ ふん〜 じ ふん

なまえ

てん

1 たしざんを しましょう。

32てん(1つ4)

① 7+6=☐　　② 8+7=☐

③ 6+5=☐　　④ 4+9=☐

⑤ 7+9=☐　　⑥ 9+6=☐

⑦ 8+4=☐　　⑧ 5+8=☐

2 ひきざんを しましょう。

32てん(1つ4)

① 11-8=☐　　② 12-3=☐

③ 14-7=☐　　④ 11-4=☐

⑤ 17-9=☐　　⑥ 12-5=☐

⑦ 11-2=☐　　⑧ 14-6=☐

3 こたえが おなじ かあどを <u>せん</u>で つなぎましょう。

12てん(1つ3)

15−8	•	•	11−6
12−7	•	•	18−9
14−5	•	•	12−4
11−3	•	•	13−6

4 けいさんを しましょう。

18てん(1つ3)

① $9+2=$ ☐　② $16-9=$ ☐

③ $13-4=$ ☐　④ $4+7=$ ☐

⑤ $8+5=$ ☐　⑥ $17-8=$ ☐

5 みかんが 12こ、りんごが 9こ あります。ちがいは なんこですか。

6てん(しき3・こたえ3)

しき (　　　　　　　)　　　こたえ (　　)こ

「ちがいは」の もんだいは、ひきざんを つかうと いいね。

36 まとめの テスト

1 けいさんを しましょう。　48てん(1つ4)

① 6 + 7 =

② 3 + 5 + 1 =

③ 9 − 2 − 4 =

④ 14 + 3 =

⑤ 12 − 7 =

⑥ 10 − 8 + 7 =

⑦ 5 + 5 + 4 =

⑧ 18 − 5 =

⑨ 4 + 9 =

⑩ 16 − 6 − 7 =

⑪ 16 + 2 − 3 =

⑫ 15 − 8 =

2 こたえが 9の かあどに いろを
ぬりましょう。　20てん(1つ4)

4+6	11−2	7+2+1
8+1−4	10−5+3	3+4+2
7−1+3	15−9	10−7
6−2+4	17−7−1	3+6

③ おなじ こたえは だれと だれですか。

16てん(1つ4)

ぱんだ
18−5

こあら
7＋3＋4
（　　　と　　　）

うさぎ
14−4＋1

ぞう
11＋5
（　　　と　　　）

ねこ
6＋8

いぬ
10＋8−5
（　　　と　　　）

きりん
10−1＋7

らいおん
17−6
（　　　と　　　）

④ いくつに なりますか。

16てん(しき4・こたえ4)

①

11ぴき います。　　4ひき きました。

しき （　　　　　　　）　こたえ （　　）ひき

②

7こ
あります。　　3こ
ひろいました。　　5こ
あげました。

しき （　　　　　　　）　こたえ （　　）こ

37 なん十と いくつの けいさん

① おさいふに 20円 あります。　30てん(1つ5)

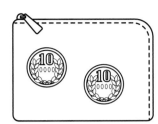

① ⑩ ⑩ ⑩ ふえると、
なん円に なりますか。

しき (20＋3＝23)

こたえ (　　) 円

② ⑤ ふえると、なん円に なりますか。

しき (　　　　　) こたえ (　　) 円

③ ⑤ ⑩ ふえると、なん円に なりますか。

しき (　　　　　) こたえ (　　) 円

② たしざんを しましょう。　20てん(1つ4)

① 20＋2＝ ☐　② 30＋4＝ ☐

③ 40＋7＝ ☐　④ 60＋9＝ ☐

⑤ 80＋8＝ ☐

73

③ なん円に なりますか。　30てん(1つ5)

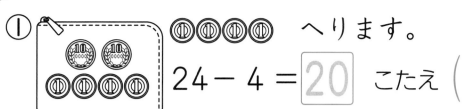

① 24 − 4 = 20　こたえ（　　　）円

② 43 − 3 = ☐　こたえ（　　　）円

③ 32 − 2 = ☐　こたえ（　　　）円

④ ひきざんを しましょう。　20てん(1つ4)

① 26 − 6 = ☐　　② 58 − 8 = ☐

③ 45 − 40 = ☐　　④ 89 − 9 = ☐

⑤ 77 − 70 = ☐

なん十と いくつから
なん十を ひくと
「いくつ」が こたえに なるよ。

なん十と いくつの けいさんは、さんすうセットの おかねを
つかって れんしゅうすると いいね。

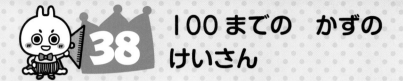
月　日　じ　ふん〜　じ　ふん

なまえ

てん

① いくつに なりますか。

18てん(1つ3)

① あめが 50こ と 30こ 　あわせて なんこ

しき　50＋ 30 ＝ 80　　こたえ（　　）こ

② 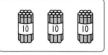60こ から 20こ たべた ➡ のこりは なんこ

10の たばで かんがえよう。

しき　60－ 20 ＝ 40　　こたえ（　　）こ

② けいさんを しましょう。

32てん(1つ4)

① 50＋20＝ □　　② 60＋30＝ □

③ 30＋30＝ □　　④ 40＋60＝ □

⑤ 50－30＝ □　　⑥ 70－40＝ □

⑦ 90－20＝ □　　⑧ 100－50＝ □

③ いくつに なりますか。　

① カードが 34まい あります。4まい
もらうと、ぜんぶで なんまいに
なりますか。

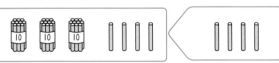

しき　34 + 4 = 38　こたえ（　　）まい

②  から ◎◎ へる ➡ のこりは
いくら

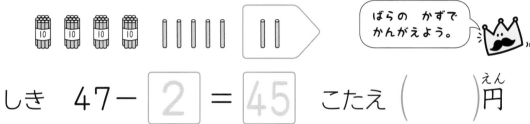

ばらの かずで
かんがえよう。

しき　47 − 2 = 45　こたえ（　　）円

④ けいさんを しましょう。　

① 22 + 4 = ☐　　② 43 + 5 = ☐

③ 62 + 7 = ☐　　④ 73 + 2 = ☐

⑤ 26 − 4 = ☐　　⑥ 38 − 5 = ☐

⑦ 87 − 3 = ☐　　⑧ 99 − 2 = ☐

50 + 30の けいさんは 10の たばの たしざん、34 + 4の
けいさんは ばらの かずの たしざんを すれば いいね。

39 しあげの テスト1

1 たしざんを しましょう。 24てん（1つ3）

① 6 + 2 =
② 1 + 9 =
③ 0 + 7 =
④ 10+10 =
⑤ 15+ 4 =
⑥ 9 + 3 =
⑦ 6 + 8 =
⑧ 20+ 5 =

2 ひきざんを しましょう。 24てん（1つ3）

① 5 - 2 =
② 10- 4 =
③ 0 - 0 =
④ 18- 8 =
⑤ 11- 3 =
⑥ 15- 6 =
⑦ 87- 7 =
⑧ 90-50 =

3 けいさんを しましょう。

① 3 + 4 = ☐   ② 8 − 3 = ☐

③ 6 + 0 = ☐   ④ 13 + 5 = ☐

⑤ 10 − 5 − 3 = ☐   ⑥ 3 + 2 + 3 = ☐

⑦ 16 − 6 = ☐   ⑧ 40 + 30 = ☐

⑨ 9 − 0 = ☐   ⑩ 6 + 4 − 3 = ☐

⑪ 50 − 10 = ☐   ⑫ 14 + 4 = ☐

4 こたえが 7より 大きい カードに ○を つけましょう。

9 − 5	4 + 3	13 − 4
（　）	（　）	（　）
8 − 0	2 + 3 + 1	8 − 2 + 4
（　）	（　）	（　）
14 − 4 − 6	5 + 5	12 − 8
（　）	（　）	（　）

40 しあげの テスト 2

1 けいさんを しましょう。

36てん（1つ3）

① 16＋ 2 ＝ □　　② 14－ 9 ＝ □

③ 3＋7＋6 ＝ □　　④ 63＋ 4 ＝ □

⑤ 8 ＋ 6 ＝ □　　⑥ 90－30 ＝ □

⑦ 4 － 4 ＝ □　　⑧ 8－4＋3 ＝ □

⑨ 28－ 5 ＝ □　　⑩ 10－ 0 ＝ □

⑪ 12＋4－3 ＝ □　　⑫ 36－ 6 ＝ □

2 こたえが おなじ カードを ――で つなぎましょう。

16てん（1つ4）

9＋6	・	・	11＋1
15－3－2	・	・	18－3
4＋6－2	・	・	2＋3＋5
17－5	・	・	13－5

3 こたえが 大きい じゅんに 文字を
ならべましょう。

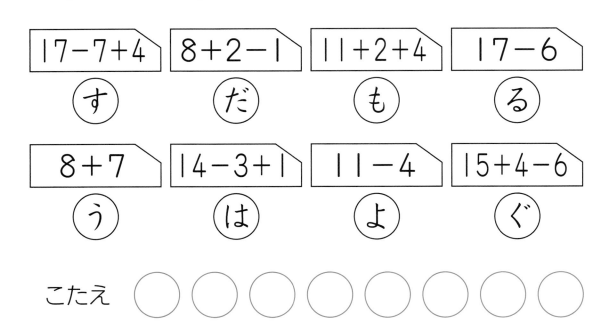

24てん(1つ3)

| 17-7+4 | 8+2-1 | 11+2+4 | 17-6 |
| す | だ | も | る |

| 8+7 | 14-3+1 | 11-4 | 15+4-6 |
| う | は | よ | ぐ |

こたえ ◯ ◯ ◯ ◯ ◯ ◯ ◯ ◯

4 しきに かいて こたえを もとめましょう。

24てん(しき6・こたえ6)

① おとなが 4人、子どもが 9人
います。みんなで なん人ですか。

しき (　　　　　　) こたえ (　　) 人

② いろがみが 12まい あります。7まい
つかうと、なんまい のこりますか。

しき (　　　　　　) こたえ (　　) まい

1 じゅんび①

1 ① 5 ●●●●●
② 3 ●●●○○
③ 8 ●●●●●
　　　●●●○
④ 6 ●●●●●
　　　●○○○○

2 ①9　　②3　　③7
④4　　⑤0　　⑥2

3 ①2　　②4
③1　　④3

4
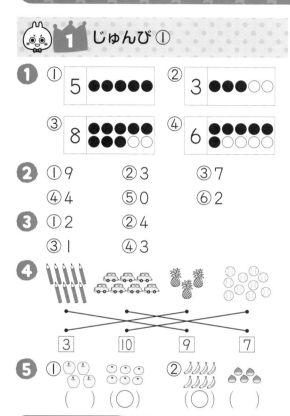
③　　⑩　　⑨　　⑦

5 ①（　）（○）　②（○）（　）

おうちの方へ 10までの数を正しく数えたり、書いたりする学習です。声に出して、一つ一つ丁寧に絵を指で追って数える練習を繰り返しましょう。また、数の大小の比較も数字から判断できるようにします。

3 5の分解の準備運動です。色がぬられていない部分におはじきなどを置き、おはじきの数があると5になるね、などとアドバイスしましょう。

4 物の数をそれぞれ正しく数えて、数字と結びつけられるようにします。数え落としがないように、声をかけましょう。

2 じゅんび②

1 ①1、5　　**2** ①1、6
②4、2　　②2、5
③3、3　　③4、3

3 ①4　　②6

4 ①1、8　　**5** ①1、9
②5、4　　②3、7
⑥6、3　　⑥6、4

6 ①5　　②8

おうちの方へ 10までの数の分解の学習です。これから学習する繰り上がりのあるたし算や、繰り下がりのあるひき算など、今後の算数の計算問題で利用する機会が非常に多い内容です。繰り返し練習して、すぐに、「いくつと　いくつ」と答えられるようにしましょう。慣れないうちは、おはじきを並べたり、片方を手で隠すなどのアドバイスをしましょう。

2 7の分解です。色をぬってある部分を隠して、残りの数を数えてもいいでしょう。

5 10の分解です。10の分解は、これから習う、繰り上がりや繰り下がりのある計算で必ず利用します。特に力を入れて練習しましょう。

6 だんだん慣れてきたら、絵を見ずに「9は4といくつ」、「10は2といくつ」と口頭で答えられるようにしましょう。

3 あわせて いくつ ふえると いくつ

❶ ①6ぽん ③10わ
②7ひき ④9ほん

❷ ①しき 3+6=9

こたえ 9ほん

②しき 4+4=8

こたえ 8こ

❸ ①9だい ③5ひき
②10こ ④8ほん

❹ ①しき 2+4=6

こたえ 6ひき

②しき 7+3=10

こたえ 10だい

4 10までの たしざん①

❶ ①3 ②6
③8 ④9
⑤10 ⑥9
⑦5 ⑧10

❷ ①5 ②5
③7 ④9
⑤6 ⑥9
⑦8 ⑧10
⑨8

❸ ①4 ②4 ⑬10 ⑭9
③9 ④9 ⑮8 ⑯9
⑤7 ⑥10 ⑰6 ⑱9
⑦7 ⑧6 ⑲5 ⑳7
⑨7 ⑩9 ㉑10 ㉒8
⑪10 ⑫5

5 10までの たしざん②

❶ ①4 ②5 ⑤9 ⑥6
③8 ④10 ⑦8 ⑧7

❷
| 2+5 | 8+2 | 1+9 |
| ( ) | (○) | (○) |

| 3+7 | 1+8 | 4+2 |
| (○) | ( ) | ( ) |

| 6+2 | 5+5 | 6+3 |
| ( ) | (○) | ( ) |

❸ ①5 ②5 ⑦10 ⑧10
③9 ④8 ⑨8
⑤7 ⑥9

❹
3+5 ─ 2+7
7+3 ─ 4+4
5+2 ─ 6+1
3+6 ─ 9+1

答えが同じになる計算
式に、目を向けさせていく学習です。何
度も練習するうちに、「2＋4」と「4＋2」
の答えが同じになることに気づくかもし
れません。その時は、大いにほめましょ
う。

2 全部で 4 枚あります。

4 答えが 8、10、7、9 になるカード
の組み合わせです。

6 10までの たしざん③

1 ①3 ②9　　　⑤6 ⑥10
　③10 ④5　　　⑦8 ⑧7

2

| 3＋3 | 1＋7 | 5＋4 |
| ( ) | (○) | ( ) |

| 2＋6 | 4＋3 | 8＋1 |
| (○) | ( ) | ( ) |

| 3＋5 | 7＋2 | 4＋4 |
| (○) | ( ) | (○) |

3 ①5 ②4　　　⑦6 ⑧9
　③7 ④10　　　⑨10
　⑤9 ⑥10

4

4＋6	—	1＋8
5＋4	—	2＋5
7＋1	—	8＋2
3＋4	—	5＋3

カードの問題は、計算
の答えをカードの近くに書いておきま
しょう。

2 全部で 4 枚あります。

4 答えが 10、9、8、7 になるカード
の組み合わせです。

7 のこりは いくつ ちがいは いくつ

1 ①4 こ　　　　②2 わ
　③3 だい　　　④3 こ

2 ①しき　9－5＝4
　　　　　　　　こたえ　4 ほん
　②しき　10－8＝2
　　　　　　　　こたえ　2 まい

3 ①3 びき
　②4 ほん
　③3 こ
　④5 ほん

4 ①しき　6－4＝2
　　　　　　　　こたえ　2 だい
　②しき　8－3＝5
　　　　　　　　こたえ　5 こ

「のこりは」や「ちがい
は」の言葉は、ひき算を利用することを
学習します。「のこりは」は減る様子をイ
メージすることで、ひき算になることに
気づかせます。「ちがいは」は多い方から
少ない方をひくことをイメージすること
で、ひき算になることに気づかせます。

2 ①は 5 本減るので 9－5、②は 8
　枚減るので、10－8 という式になり
　ます。

3 「いくつ　おおい」は、いくつ違う
　かということなので、それぞれの差を
　求めることになります。多い方から少
　ない方をひく、ひき算で考えます。

4 「ちがいは」は、それぞれの差を求
　めるので、ひき算になります。①で
　は、トラックが 2 台多いね、または、
　バスが 2 台少ないね、と声をかける
　ことで、「2」という数を計算で求めら
　れるよう導きましょう。

1
- ① 2
- ② 4
- ③ 2
- ④ 6
- ⑤ 8
- ⑥ 3
- ⑦ 5
- ⑧ 8

2
- ① 2
- ② 1
- ③ 1
- ④ 3
- ⑤ 2
- ⑥ 3
- ⑦ 1
- ⑧ 3
- ⑨ 2

3
- ① 3
- ② 2
- ③ 5
- ④ 9
- ⑤ 1
- ⑥ 3
- ⑦ 2
- ⑧ 4
- ⑨ 1
- ⑩ 3
- ⑪ 6
- ⑫ 8
- ⑬ 2
- ⑭ 4
- ⑮ 1
- ⑯ 5
- ⑰ 7
- ⑱ 6
- ⑲ 5
- ⑳ 4
- ㉑ 6
- ㉒ 7

🏠 おうちの方へ 式だけを見て、ひき算の計算をするのは、初めのうちは難しいかもしれません。口頭で「○－□は？」と問いかけたり、ひき算カードなどを使って、繰り返し練習してみましょう。

1 ひく数が小さい数のひき算です。式だけのひき算としては、計算しやすい式なので、ここで自信をつけましょう。

2 ひく数が大きい数のひき算になります。ブロックで練習する時は、ひく数を数え間違えないようにしましょう。

1
- ① 4
- ② 6
- ③ 1
- ④ 4
- ⑤ 2
- ⑥ 7
- ⑦ 5
- ⑧ 1

2

$7-4$	$10-9$	$5-2$
（○）	（　）	（○）

$6-4$	$9-6$	$8-4$
（　）	（○）	（　）

$8-5$	$7-2$	$9-8$
（○）	（　）	（　）

3
- ① 4
- ② 1
- ③ 5
- ④ 3
- ⑤ 1
- ⑥ 1
- ⑦ 5
- ⑧ 2
- ⑨ 7

4

$9-4$ ── $6-1$
$10-6$ ── $7-3$
$5-3$ ── $10-8$
$8-2$ ── $9-3$

🏠 おうちの方へ 繰り返し、式だけのひき算の計算をしながら、答えが同じになる式に目を向けさせていく学習です。**2**、**4**のような問題は、特に正しく計算しないと、解答が得られないため、気をつけましょう。

2 全部で4枚あります。

4 答えが5、4、2、6になるカードの組み合わせです。

10 10までの ひきざん③

❶
- ① 2
- ② 3
- ③ 7
- ④ 4
- ⑤ 3
- ⑥ 4
- ⑦ 1
- ⑧ 8

❷

6−5 ( )	9−5 (○)	10−6 (○)
7−3 (○)	4−1 ( )	9−7 ( )
10−2 ( )	6−2 (○)	8−3 ( )

❸
- ① 6
- ② 5
- ③ 2
- ④ 6
- ⑤ 3
- ⑥ 3
- ⑦ 2
- ⑧ 5
- ⑨ 5

❹

10−4	╳	8−6
5−2		7−1
8−1		6−3
7−5		9−2

🏠 おうちの方へ ❷ 全部で 4 枚あります。

❹ 答えが 6、3、7、2になるカードの組み合わせです。

11 0の たしざん、ひきざん

❶

1 + 3 = 4

2 + 0 = 2

2 + 2 = 4

❷
- ① 3
- ② 5
- ③ 4
- ④ 9
- ⑤ 0
- ⑥ 8
- ⑦ 7
- ⑧ 10

❸
- ① 5 − 2 = 3
- ② 5 − 1 = 4
- ③ 5 − 0 = 5

❹
- ① 3
- ② 10
- ③ 0
- ④ 6
- ⑤ 0
- ⑥ 5
- ⑦ 0
- ⑧ 2

🏠 おうちの方へ 「0」をたす、「0」をひく、答えが「0」になることを理解する学習です。絵を見ながら、0をたしたり、ひいたりすることは、数に変化がないということに気づかせましょう。

❶ 絵を見ながら、「0」をたす計算式を書きます。

❸ 絵と文を見ながら、「0」をひく計算式を書きます。

❹③⑦ ひかれる数と同じ数をひくと「0」になることを理解します。

12 たしざんと ひきざん(1)①

❶
- ①しき　4＋1＝5
  - こたえ　5こ
- ②しき　3＋5＝8
  - こたえ　8わ
- ③しき　2＋4＝6
  - こたえ　6こ

❷
- ① 8
- ② 5
- ③ 3
- ④ 9
- ⑤ 10
- ⑥ 7
- ⑦ 3

❸ ①しき　8−3＝5

こたえ　5だい

②しき　8−2＝6

こたえ　6だい

③しき　8−6＝2

こたえ　2だい

❹

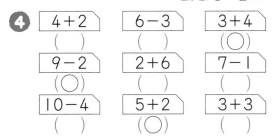

4＋2	6−3	3＋4
( )	( )	(○)
9−2	2＋6	7−1
(○)	( )	( )
10−4	5＋2	3＋3
( )	(○)	( )

👑13 たしざんと　ひきざん⑴②

❶ ①しき　3＋4＝7

こたえ　7にん

②しき　4＋5＝9

こたえ　9ほん

③しき　7＋3＝10

こたえ　10ぴき

❷ ①8　　　　②4

③3　　　　④9

⑤10　　　⑥1

⑦5

❸ ①しき　6−4＝2

こたえ　2ほん

②しき　9−6＝3

こたえ　3こ

③しき　7−2＝5

こたえ　5こ

❹

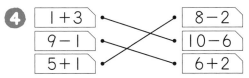

1＋3	⤬	8−2
9−1		10−6
5＋1		6＋2

👑14 たしざんと　ひきざん⑴③

❶ ①3　　　　②9

③6　　　　④10

⑤8　　　　⑥7

⑦10　　　⑧9

❷ ①1　　　　②6

③5　　　　④2

⑤3　　　　⑥5

⑦3　　　　⑧4

⑨7

❸
①10	②1
③5	④9
⑤8	⑥6
⑦3	⑧9
⑨9	⑩4
⑪1	⑫8
⑬7	⑭4
⑮3	⑯9
⑰10	⑱5
⑲2	⑳7
㉑6	㉒2

🏠 **おうちの方へ** 10 までのたし算、ひき算です。丁寧に、正しく計算する習慣をつけましょう。

🎁 15 まとめの テスト

❶ ①しき　2+5=7

　　　　　　こたえ　7こ

②しき　4+4=8

　　　　　　こたえ　8わ

❷ ①5　　　②3　　　③2

❸

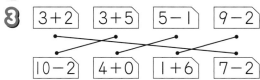

3+2	3+5	5−1	9−2
10−2	4+0	1+6	7−2

❹ ①しき　9−5=4

　　　　　　こたえ　4まい

②しき　7−6=1

　　　　　　こたえ　1ぽん

❺ ①5　　　　②1

③6　　　　④10

⑤9　　　　⑥0

⑦7　　　　⑧10

🏠 **おうちの方へ**　10 までの数の仕組みや、たし算、ひき算のまとめになります。
❶　「あわせて」、「ふえると」のたし算です。
❷　6の分解です。迷ったら第2回に戻って復習するのもよいでしょう。
❹　「のこりは」、「ちがいは」のひき算です。

👑 16 20までの かずの たしざん

❶ ①しき　10+2=12

　　　　　　こたえ　12まい

②しき　12+3=15

　　　　　　こたえ　15ほん

❷
①14	②19
③16	④20
⑤16	⑥18
⑦18	⑧17
⑨16	⑩18

❸
①14	②18
③19	④18
⑤19	⑥17
⑦15	

❹
14+2	13+2	17+1
(　)	(　)	(　)
11+6	12+7	16+1
(○)	(　)	(○)
12+5	11+2	13+4
(○)	(　)	(○)

🏠 **おうちの方へ**　式だけの計算に慣れてきたら、たくさんの数の計算式にチャレンジしていきましょう。つまずく場面が見られたら、絵を見たり、ブロックを使って復習するのもよいでしょう。
❶　「あわせて　いくつ」になる式に書いて答えを求めます。
❹　全部で4枚あります。

👑17 20までの かずの ひきざん

❶ ①しき　14−4=10

こたえ　10まい

②しき　15−2=13

こたえ　13こ

❷
①10　②10
③10　④10
⑤14　⑥12
⑦11　⑧16
⑨12　⑩11

❸
①10　②17
③13　④12
⑤12　⑥10
⑦11

❹

| 14−1 | 17−3 | 18−3 |
| ( ) | (◯) | ( ) |

| 18−4 | 16−5 | 19−5 |
| (◯) | ( ) | (◯) |

| 19−1 | 15−1 | 16−4 |
| ( ) | (◯) | ( ) |

🏠 **おうちの方へ**　ひき算の文章題では、「のこりは」「ちがいは」「いくつ　おおい」などの言葉の意味を理解する力が大切になってきます。身近な物で、いろいろな場面で問いかけてみましょう。
❶ 絵の数え間違いに気をつけましょう。
❹ 全部で4枚あります。

👑18 3つの かずの けいさん①

❶ ①しき　4+1=5

②しき　4+1+5=10

こたえ　10わ

❷
①6　②7
③9　④10
⑤9　⑥8
⑦8　⑧10
⑨7　⑩8

❸ ①しき　4+6=10

②しき　4+6+5=15

こたえ　15だい

❹
①12　②16
③18　④12
⑤15　⑥13
⑦14　⑧19
⑨11　⑩17

🏠 **おうちの方へ**　3つの数のたし算の学習になります。左から順にたし算をしていき、1つの計算式で、2回たし算をすることになります。慣れないうちは、1回目のたし算の答えを小さく下に書いてみるといいでしょう。慣れてきたら、頭の中で左から順に計算しましょう。
❶❷ 答えが10までの数になる3つの数のたし算です。
❸❹ 答えが10より大きくなる3つの数のたし算です。10のまとまりといくつという形になります。

👑19 3つの かずの けいさん②

❶ ①しき　7−3=4

②しき　7−3−2=2

こたえ　2こ

❷
①2　②1
③5　④2
⑤3　⑥4
⑦6　⑧3
⑨4　⑩8

❸ ①しき　5−2+4=7

こたえ　7にん

②しき　7+3−5=5

こたえ　5にん

❹ ①5　　　　　　　②16

③18　　　　　　④4

⑤7　　　　　　　⑥12

⑦15　　　　　　⑧11

👤20　9+●の　くりあがりの　ある　たしざん

❶ ①2、1、2、12

②7、1、7、17

❷ ①11　　　　　　②14

③16　　　　　　④13

⑤18　　　　　　⑥15

❸

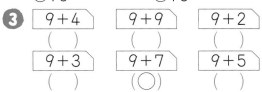

9+4	9+9	9+2
( )	( )	( )
9+3	9+7	9+5
( )	(○)	( )

❹ 2、2、7、17

❺ ①18　　　　　　②13

③11　　　　　　④15

👤21　8+●、7+●の　くりあがりの　ある　たしざん

❶ ①3、2、3、13

②6、3、6、16

③1、1、6、16

❷ ①12　　　　　　②17

③16　　　　　　④11

⑤13　　　　　　⑥13

❸

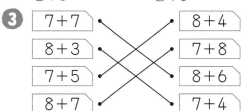

7+7	8+4
8+3	7+8
7+5	8+6
8+7	7+4

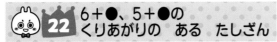

22 6+●、5+●の くりあがりの ある たしざん

❶ ① 3、4、3、13
　② 1、5、1、11
　③ 4、4、1、11

❷ ① 11　　　　② 14
　③ 13　　　　④ 12
　⑤ 15　　　　⑥ 12

❸
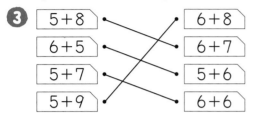

5+8		6+8
6+5		6+7
5+7		5+6
5+9		6+6

🏠 **おうちの方へ**　「6と4で10」「5と5で10」など、10のまとまりをつくって残りの数をたす計算になります。

❶③　たされる数を分解して計算することもできます。

❸　答えが13、11、12、14になるカードの組み合わせです。

23 4+●、3+●、2+●の くりあがりの ある たしざん

❶ ① 1、6、1、11
　② 2、7、2、12
　③ 1、8、1、11

❷ ① 13　　　　② 11
　③ 11　　　　④ 12

❸ 3、3、1、11

❹

3+9	4+8	2+9
( )	( )	(○)
4+7	4+9	3+8
(○)	( )	(○)

🏠 **おうちの方へ**　あといくつで10になるかを考えるには、それぞれ、「10は4と6」「10は3と7」「10は2と8」などの分解の復習も大切になってきます。これから学習する、繰り下がりのあるひき算でも、10の分解が基本になってきますので、しっかり定着させましょう。

❸　4を分解して計算することもできます。

❹　全部で3枚あります。

24 くりあがりの ある たしざん

❶ ① 11　　　② 13
　③ 12　　　④ 13
　⑤ 13　　　⑥ 11
　⑦ 16　　　⑧ 13
　⑨ 12　　　⑩ 11
　⑪ 15　　　⑫ 12
　⑬ 17　　　⑭ 11
　⑮ 16　　　⑯ 14
　⑰ 11　　　⑱ 12
　⑲ 18　　　⑳ 14
　㉑ 11　　　㉒ 16

❷
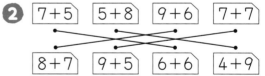

| 7+5 | 5+8 | 9+6 | 7+7 |
| 8+7 | 9+5 | 6+6 | 4+9 |

❸ ①しき　3+8=11
　　　　　こたえ　11ぴき
　②しき　8+9=17
　　　　　こたえ　17まい
　③しき　5+7=12
　　　　　こたえ　12ほん

👑25　●−9の くりさがりの ある ひきざん

❶ ①3、1、4
　②6、1、7

❷ ①3　　　　　②8
　③6　　　　　④2
　⑤5　　　　　⑥9

❸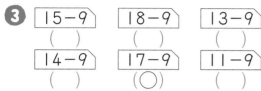

❹ 6、10、10、4

❺ ①9　　　　　②6
　③3　　　　　④7

👑26　●−8、●−7の くりさがりの ある ひきざん

❶ ①3、2、5
　②2、3、5
　③5、10、10、5

❷ ①3　　　　　②7
　③9　　　　　④5
　⑤7　　　　　⑥5

❸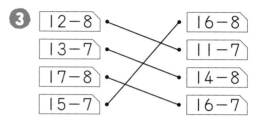

👑27　●−6、●−5の くりさがりの ある ひきざん

❶ ①1、4、5
　②3、5、8
　③2、10、10、8

❷ ①8　　　　　②6
　③7　　　　　④9
　⑤5　　　　　⑥9

❸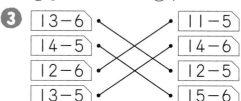

28 ●−4、●−3、●−2の くりさがりの ある ひきざん

❶ ①1、6、7
②2、7、9
③1、8、9

❷ ①8　　　　②9
③8　　　　④9

❸ 3、10、10、7

❹
| 11−4 | 12−3 | 11−3 |
| ( ) | (○) | ( ) |

| 13−4 | 11−2 | 12−4 |
| (○) | (○) | ( ) |

🏠 **おうちの方へ**　「10ひく4は6」「10
ひく3は7」「10ひく2は8」の6、7、
8と、10いくつのいくつをそれぞれた
す計算です。
❸　4を分解して計算することもできま
す。
❹　全部で3枚あります。

29 くりさがりの ある ひきざん

❶ 5、6、5、9

❷ ①8　　　　②7
③7　　　　④9
⑤6　　　　⑥7
⑦5　　　　⑧3
⑨7　　　　⑩8
⑪4　　　　⑫6
⑬9　　　　⑭9
⑮8　　　　⑯6

❸
13−8	12−4	18−9
12−3	11−3	14−6
13−5	14−9	13−7
12−7	11−2	16−9
16−8	12−5	17−9

❹ ①しき　14−8=6
　　　　　　こたえ　6こ
②しき　17−8=9
　　　　　　こたえ　9ひき

🏠 **おうちの方へ**　繰り下がりのあるひき
算の総復習になります。
❶　数の分解を、図を見て理解し、表現
する力を身につけます。
❸　全部で6枚あります。

30 たしざんと ひきざん ⑵①

❶ ①11　②11
③12　④13
⑤12　⑥15
⑦15　⑧14

❷ ①5　②4
③7　④7
⑤9　⑥7
⑦6　⑧8

❸
| 5+9 | 6+5 | 4+8 |
| ( ) | (○) | ( ) |

| 3+8 | 9+4 | 2+9 |
| (○) | ( ) | (○) |

| 6+7 | 7+4 | 8+5 |
| ( ) | (○) | ( ) |

❹ ①6　　　　②16
③14　　　　④9
⑤8　　　　⑥15
⑦12　　　　⑧8
⑨3　　　　⑩12

おうちの方へ 繰り上がりのあるたし算と、繰り下がりのあるひき算の総まとめの学習になります。繰り上がりのあるたし算では、10 のまとまりをつくり、繰り下がりのあるひき算では、10 の分解をするという操作が必要です。それぞれ逆の操作ですが、「10 はいくつといくつ」が基本になっています。

❸ 全部で 4 枚あります。

31 たしざんと ひきざん (2)②

❶ ①11 ②16
③14 ④11
⑤13 ⑥17
⑦12 ⑧15

❷ ①5 ②7
③8 ④6
⑤6 ⑥8
⑦5 ⑧7

❸
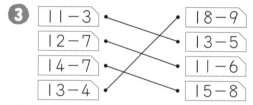

❹ ①12 ②6
③4 ④14
⑤12 ⑥8
⑦9 ⑧11
⑨13 ⑩6

おうちの方へ ❸ 答えが 8、5、7、9 になるカードの組み合わせです。

32 たしざんと ひきざん (2)③

❶ ①12 ②15
③12 ④14
⑤11 ⑥17
⑦16 ⑧13

❷ ①7 ②4
③7 ④5
⑤9 ⑥8
⑦3 ⑧6

❸ 12−5 14−6 16−9
(◯) ( ) (◯)
13−7 11−4 12−3
( ) (◯) ( )
16−8 15−9 13−6
( ) ( ) (◯)

❹ ①2 ②15
③12 ④9
⑤9 ⑥11
⑦11 ⑧9
⑨4 ⑩18

おうちの方へ ❸ 全部で 4 枚あります。

33 たしざんと ひきざん (2)④

❶ ①12 ②14
③13 ④12
⑤16 ⑥15
⑦14 ⑧12

❷ ①9 ②3
③9 ④7
⑤5 ⑥7
⑦5 ⑧7

❸
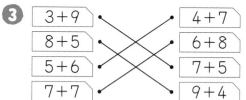

❹ ①16 ②9
③9 ④12
⑤13 ⑥6
⑦7 ⑧14
⑨11 ⑩9

おうちの方へ ❸ 答えが 12、13、11、14 になるカードの組み合わせです。

たしざんと ひきざん⑵⑤

1 ①11 ②14
③16 ④12
⑤11 ⑥14
⑦18 ⑧17

2 ①2 ②8
③4 ④6
⑤6 ⑥5
⑦9 ⑧8

3
6+5	4+8	5+9
( )	(○)	( )
7+6	9+3	4+7
( )	(○)	( )
5+7	3+8	6+6
(○)	( )	(○)

4 ①9 ②14
③11 ④8
⑤9 ⑥17

5 しき 8+5=13

こたえ 13だい

🏠おうちの方へ **❸** 全部で4枚あります。
❺ 数が増える様子を表す内容なので、たし算の式に書いて、答えを求めます。数の増加を示す言葉の部分に、下線を引くのも効果的です。

35 **たしざんと ひきざん⑵⑥**

1 ①13 ②15
③11 ④13
⑤16 ⑥15
⑦12 ⑧13

2 ①3 ②9
③7 ④7
⑤8 ⑥7
⑦9 ⑧8

3
15−8	→	11−6
12−7		18−9
14−5		12−4
11−3		13−6

（15−8 ↔ 12−4、12−7 ↔ 18−9、14−5 ↔ 11−6、11−3 ↔ 13−6）

4 ①11 ②7
③9 ④11
⑤13 ⑥9

5 しき 12−9=3

こたえ 3こ

🏠おうちの方へ **❸** 答えが7、5、9、8になるカードの組み合わせです。
❺ 「ちがい」という言葉の意味を捉えて、ひき算の式に書いて、答えを求めます。

36 **まとめの テスト**

1 ①13 ②9
③3 ④17
⑤5 ⑥9
⑦14 ⑧13
⑨13 ⑩3
⑪15 ⑫7

2
4+6	11−2	7+2+1
8+1−4	10−5+3	3+4+2
7−1+3	15−9	10−7
6−2+4	17−7−1	3+6

❸ （ぱんだ　と　いぬ）

（うさぎ　と　らいおん）

（ねこ　と　こあら）

（きりん　と　ぞう）

❹ ①しき　11＋4＝15

こたえ　15ひき

②しき　7＋3－5＝5

こたえ　5こ

🏠 おうちの方へ　20 までのたし算、ひき算の総まとめになります。これまでに学習した内容の応用になります。

❷　全部で 5 枚あります。

❸　ぱんだといぬ　　…13

うさぎとらいおん…11

ねことこあら　　…14

きりんとぞう　　…16

❹　「いくつに　なりますか」という設問に対して、文章を読んで状況を把握して式に書く力が必要になります。数の増減を示す言葉の部分に、下線を引くのも効果的です。

👑37　なん十と　いくつの　けいさん

❶ ①しき　20＋3＝23

こたえ　23円

②しき　20＋5＝25

こたえ　25円

③しき　20＋6＝26

こたえ　26円

❷ ①22　　　　　②34

③47　　　　　④69

⑤88

❸ ①20、20円

②40、40円

③30、30円

❹ ①20　　　　　②50

③5　　　　　　④80

⑤7

🏠 おうちの方へ　硬貨を使って「なん十と　いくつ」を学習します。10 円玉を 10、1 円玉を 1 と考えて、10 が 2 個、1 が 3 個で、23 という考え方です。

❶　1 円玉や 5 円玉が、何枚か増えるという考え方です。

❸　1 円玉が、何枚か減るという考え方です。

👑38　100までの　かずの　けいさん

❶ ①しき　50＋30＝80

こたえ　80こ

②しき　60－20＝40

こたえ　40こ

❷ ①70　　　　　②90

③60　　　　　④100

⑤20　　　　　⑥30

⑦70　　　　　⑧50

❸ ①しき　34＋4＝38

こたえ　38まい

②しき　47－2＝45

こたえ　45円

❹ ①26　　　　　②48

③69　　　　　④75

⑤22　　　　　⑥33

⑦84　　　　　⑧97

👑 39 しあげの テスト1

1 ①8 ②10
③7 ④20
⑤19 ⑥12
⑦14 ⑧25

2 ①3 ②6
③0 ④10
⑤8 ⑥9
⑦80 ⑧40

3 ①7 ②5
③6 ④18
⑤2 ⑥8
⑦10 ⑧70
⑨9 ⑩7
⑪40 ⑫18

4

9−5	4+3	13−4
( )	( )	(○)

8−0	2+3+1	8−2+4
(○)	( )	(○)

14−4−6	5+5	12−8
( )	(○)	( )

👑 40 しあげの テスト2

1 ①18 ②5
③16 ④67
⑤14 ⑥60
⑦0 ⑧7
⑨23 ⑩10
⑪13 ⑫30

2
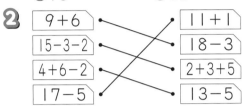

3 ⓂⓄⓊⓈⓊⒼⒽⒶⓇⓊⒹⒶⓎ
（も）（う）（す）（ぐ）（は）（る）（だ）（よ）

4 ①しき 4+9=13

　　　　　　こたえ 13人

②しき 12−7=5

　　　　　　こたえ 5まい